贺师傅家常美食，
从手到心的幸福之旅……

56道超经典湘菜美味四溢
415幅详尽步骤图一看就懂

家常湘菜

加贝◎著

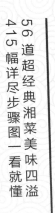

译林出版社

图书在版编目（CIP）数据

家常湘菜 / 加贝著. —— 南京 ：译林出版社，2016.1
（贺师傅中国菜系列）
ISBN 978-7-5447-6047-8

Ⅰ.①家… Ⅱ.①加… Ⅲ.①湘菜-菜谱 Ⅳ.①TS972.182.64

中国版本图书馆CIP数据核字（2015）第307378号

书　　名	家常湘菜	
作　　者	加　贝	
责任编辑	王振华	
特约编辑	梁永雪　刁少梅	
出版发行	凤凰出版传媒股份有限公司	
	译林出版社	
出版社地址	南京市湖南路1号A楼，邮编：210009	
电子信箱	yilin@yilin.com	
出版社网址	http://www.yilin.com	
印　　刷	北京旭丰源印刷技术有限公司	
开　　本	710×1000毫米　　　1/16	
印　　张	8	
字　　数	29千字	
版　　次	2016年2月第1版　　2016年2月第1次印刷	
书　　号	ISBN 978-7-5447-6047-8	
定　　价	25.00元	

译林版图书若有印装错误可向承印厂调换

84

102

108

118

口蘑汤泡肚！

怎么做才汤鲜味美？

口味香辣的湘菜

湘菜，又称湖南菜，是中国历史悠久的八大菜系之一，以湘江流域、洞庭湖区和湘西山区三种地方风味为主。湖南菜色泽上油重色浓，讲求实惠；品味上注重酸辣、香鲜、软嫩；制法上以煨、炖、腊、蒸、炒诸法见称，形成了独处一方的特色风味。

以酸辣为主的独特口味

湘菜调味尤重酸辣。湖南气候温和湿润，故人们多喜食辣椒，用以提神去湿。另外，当地人还喜爱用酸泡菜作调料，佐以辣椒烹制菜肴，开胃爽口。

湖南人吃辣椒的花样繁多：将大红椒用密封的酸坛泡，辣中有酸，谓之"酸辣"；将红辣椒、花椒、蒜并举，谓之"麻辣"；将大红辣椒剁碎，腌在密封坛内，辣中带咸，谓之"咸辣"；将大红辣椒剁碎，拌和大米干粉，腌在密封坛内，食用时可干炒、可搅糊，谓之"鲊辣"。此外，还有油辣、鲜辣等不同的辣味。

对火候的掌握最为关键

在湘菜烹饪技术中，"火"是各术中的"纲"，任何一份菜肴的成功与否，火候是决定菜肴质量的关键。火候讲究文火、武火、大火、小火、微火、死火、活火、明火、暗火、余火等，在烹制菜肴的过程中，严格控制火候是湘厨们一个严格的基本功技艺。

独处一方的特色风味

◐ 对刀工的要求极为严格

湘菜历来重视刀工，其刀法有几十种之多，而每种刀法又有不同的变化，如"切"有直切、推切、跳切、拉切、滚刀切、转刀切、滚料切等；"片"有推刀片、拉刀片、斜刀片、左斜刀、右斜刀、坡刀片、抹刀片、反刀片等；"剞"有直刀剞、拉刀剞、推刀剞。还有其他各种刀法，使湘菜的外观呈千姿百态之状。

◐ 食材选择极其广博多样

湖南有"鱼米之乡"之美称，物产富饶，因此，湘菜的用料十分广博，禽、畜、鸟、兽、鳖、虾、蟹、蛋奶菌藻、瓜蔬菜果、稻麦杂粮、昆虫野菜，皆可作为烹饪原料。湘菜对各种原料都能善于利用，善于发现，善于创新。

• 书中计量单位换算

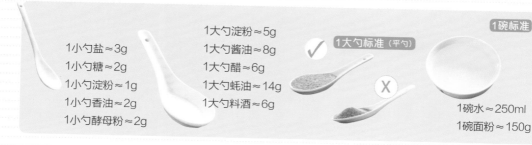

1小勺盐≈3g
1小勺糖≈2g
1小勺淀粉≈1g
1小勺香油≈2g
1小勺酵母粉≈2g

1大勺淀粉≈5g
1大勺酱油≈8g
1大勺醋≈6g
1大勺蚝油≈14g
1大勺料酒≈6g

1大勺标准（平勺）

1碗标准

1碗水≈250ml
1碗面粉≈150g

湘菜调味料一览

干辣椒		新鲜红辣椒经过脱水干制而成，分熏制和晒制两种。湖南人嗜辣，因此常用于菜肴中，增辣提味。
豆豉		以黄豆、白酒、盐、甜醪糟等料发酵酿制而成，用于提鲜增味。外形仍似黄豆，色黑褐，味鲜香回甜，可整粒使用，也可视需要剁成细粒。
蒸鱼豉油		是一种用来蒸鱼的豉油，即酱油，以水、非转基因黄豆、小麦粉、盐、白糖、谷氨酸钠等，经过制曲和发酵酿造而成，在湘菜中经常用到，用于提味增色。
郫县豆瓣酱		以小白蚕豆、长椒、七星椒等料经发酵酿制而成，色暗，味鲜辣而咸。食用时要剁细，用油煸炒。
剁椒		是湖南的特色食品，以湖南盛产的一种小米椒为原料，剁碎以后加盐、蒜、姜拌匀，放大缸里腌制而成。一般来说，正宗湖南剁辣椒水分少，颜色暗红，口感不酸。
辣椒油		以辣椒粉、豆瓣酱等熬炼而成，油色润，味辣呛。食用时一作调味，二作成菜的装饰。
野山椒		俗称天椒、朝天椒，是对椒果朝天（朝上或斜朝上）生长这一类群辣椒的统称，主要用作菜肴烹调、配菜的佐料和辛辣副食品的调料。
蚝油		是以素有"海底牛奶"之称的牡蛎为原料，经煮熟取汁浓缩，加辅料精制而成的调味料，味道鲜美、蚝香浓郁，营养价值高。

湘辣诱惑

香辣虾

左宗棠鸡

炒，炸。
用最大众的烹制方法，做出让你口水四溢的独
家湘菜！

豉椒拆骨肉

油焖四季豆

牛肚含有丰富的钙、磷、铁、蛋白质、脂肪、硫胺素、核黄素和尼克酸等，具有补益脾胃、补气养血、补虚益精的功效，一般人都可食用，特别适宜气血不足、营养不良、脾胃薄弱的人食用。

中级　　20分钟　　3人

发丝牛百叶

做菜来扫我！

湘辣诱惑

- 材料：青尖椒 1 个、红尖椒 2 个、葱 1 段、胡萝卜 1 个、生牛百叶 1 碗（约 450g）、冬笋 1 块
- 调料：盐 3 小勺、醋 4 大勺、牛清汤半碗（约 50g）、香油 1.5 大勺、淀粉 2 大勺、油 1 大勺

制作方法

1 青、红尖椒洗净，斜切成段；葱洗净，切成约 4cm 长的细丝；胡萝卜洗净，切丝，备用。

2 牛百叶洗净，切丝，入沸水焯烫 1 分钟，捞出滗干水分；冬笋切成约 4cm 长的细丝，备用。

3 在牛百叶中放入盐和醋，搅拌均匀，去掉腥味，然后用冷水漂洗干净，滗干水分。

4 碗中依次放入牛清汤、香油、醋、葱丝和淀粉，调成芡汁。

5 锅中倒入 1 大勺油，烧至六成热时，放入冬笋和青、红尖椒煸出香味。

6 然后放入牛百叶、胡萝卜，加盐调味，翻炒均匀后，将调好的芡汁倒入锅内，大火快炒片刻，即可出锅。

Q&A

发丝牛百叶怎么做更美味？

发丝牛百叶是湖南传统名菜"牛中三杰"之一，制作精细，切配讲究，牛百叶细如发丝，用旺火炒制，才能达到脆嫩味香的口感。另外，牛百叶的异味较重，在清洗时一定要反复揉搓，这样才不会影响口感。

猪肉含有优质的蛋白质和人体必需的脂肪酸，可提供血红素和促进吸收的半胱氨酸，能够改善缺铁性贫血。另外，猪肉可补肾养血、滋阴润燥，常食猪肉，有补虚强身、丰肌润泽的作用。

初级　⏱ 20分钟　🍽 2人

湖南小炒肉

做菜来扫我！

- 材料：五花肉 1 块（约 300g）、青尖椒 2 个、红尖椒 2 个、蒜 4 瓣、姜 1 块、葱 1 段
- 调料：油 1 大勺、料酒 1 大勺、生抽 1 大勺、盐 1 小勺、蒸鱼豉油 1 小勺、蚝油 1 大勺

制作方法

1 五花肉洗净，去皮，切成约 3cm 见方的薄片；青、红尖椒分别洗净，切成片状，备用。

2 蒜、姜去皮、洗净，切片；葱洗净，切段，备用。

3 锅中倒入 1 大勺油，烧至六成热时，放入蒜片、姜片、葱段大火爆香。

4 接着放入五花肉，中火煸炒至出油，然后烹入料酒、生抽，继续煸炒上色。

5 倒入切好的青、红尖椒，翻炒至断生。

6 依次加入盐、蒸鱼豉油、蚝油调味，翻炒均匀，即可出锅。

Q&A
湖南小炒肉怎么做才肉香入味？

做湖南小炒肉时，不宜选用里脊肉，以前腿肉为上选，这样炒出来的肉片才会口感滑嫩又不失嚼劲；油宁多不少，肥肉可多放一些，煸炒出油，以增加这道菜的肉香味。另外，青、红尖椒用大火快速翻炒，才能炒出它们的香味。

芽菜的营养价值比较高，含有丰富的微量元素和维生素 B_1、维生素 B_2，其中钙和磷的含量特别丰富。芽菜中的无机盐也很丰富，但是由于含盐分比较重，所以，高血压和肾病的患者要小心食用。

🍲 初级　⏱ 30分钟　🍚 2人

外婆菜

- 材料：芽菜半碗（约 60g）、萝卜干半碗（约 60g）、猪肉 1 块（约 150g）、青尖椒 3 个、红尖椒 3 个、干辣椒 2 个、葱 1 段、姜 1 块、蒜 2 瓣、干豆豉 1 大勺
- 调料：油 1.5 大勺、花椒油 2 小勺、盐 0.5 小勺、酱油 1 小勺、白糖 2 小勺

做菜来扫我！

Q & A
外婆菜怎么做才更好吃？

湘菜的特点就是够辣，在炒制外婆菜时，可根据个人喜好选择不同的辣椒，这样炒出的菜品辣味不同，口感也不一样。另外，萝卜干和芽菜本身就有咸味，所以盐要酌量添加，太多的盐会影响食用口感。

制作方法

1 将芽菜、萝卜干分别用温水泡 20 分钟，泡开后取出，滗干水分，备用。

2 猪肉洗净，剁成肉末；滗干水分的萝卜干切碎，备用。

3 青、红尖椒洗净，切成圈状；干辣椒洗净，切成小段，备用。

4 葱洗净，切末；姜、蒜均去皮、洗净，切末，备用。

5 锅中倒入 1.5 大勺油，烧至六成熟时，放入干辣椒段和葱姜蒜末煸香。

6 接着放入肉末，中火煸炒至断生。

萝卜干和芽菜已经有咸味，加少许盐即可

7 再放入 1 大勺干豆豉，煸炒出豆豉的香味。

8 然后依次放入萝卜干碎、芽菜、青红尖椒圈，继续翻炒均匀，至青红尖椒圈变软。

9 放入花椒油、盐、酱油、白糖调味，翻炒片刻即可出锅。

虾富含营养，其中蛋白质的含量是鱼、蛋、奶的数倍。虾头红色的部分是虾青素，颜色越深，说明虾青素含量就越高。虾青素是虾体内重要的营养物质，是目前发现的最强抗氧化剂之一。

中级　30分钟　3人

香辣虾

做菜来扫我！

- 材料：姜 1 块、蒜 2 瓣、香葱 2 根、干辣椒 5 个、鲜虾 1 大碗（约 200g）
- 调料：油 1 碗、花椒 10 粒、香辣酱 1 小勺、白芝麻 1 小勺
- 腌料：生抽 1 大勺、白糖 0.5 小勺、盐 0.5 小勺、白胡椒粉 1/4 小勺、料酒 1 小勺

制作方法

1 姜、蒜去皮、洗净、切末；香葱洗净，切段；干辣椒切段，备用。

2 鲜虾剪去须、脚，背部用剪刀剪开，挑去虾线，洗净、滗干，备用。

3 锅内放入 1 碗油，烧至七成热时放入虾，炸至表面酥脆，捞出，备用。

将花椒炸至褐黄色，闻到花椒香味即可捞出，时间过长有焦味。

4 另起锅，放入 1 大勺底油，中火爆香花椒，捞出，加入姜末、蒜末、干辣椒、香辣酱爆香。

5 放入炸好的虾，加入所有腌料，翻炒均匀至水分收干。

6 加入香葱段、白芝麻翻炒均匀，出锅即可。

Q&A
香辣虾怎么做才麻辣鲜香？

蒜末、姜末、干红辣椒及香辣酱爆香，可使香辣虾更香，更好看；在炸花椒时，闻到麻香味就可以捞出来，时间太长容易有焦味，影响口感。鲜虾去须、脚，挑去背部的虾线，口感更好。

莲藕含有大量的蛋白质、维生素B、维生素C、脂肪、碳水化合物及钙、磷、铁等，有预防贫血、保护肝脏的功效。莲藕肉质肥嫩、口感脆甜，经常食用还有补心益脾、滋阴养血等功效。

🍲 中级　⏱ 20分钟　🍜 2人

湘乡回锅藕

做菜来扫我！

- 材料：莲藕1节、芹菜1棵、小米椒2个、蒜2瓣
- 调料：淀粉2大勺、油4大勺、辣椒酱1大勺、生抽3小勺

14

Q & A
湘乡回锅藕怎么做口感更好？

做湘乡回锅藕时，切藕片的过程中，要掌握好分寸，切得太薄，在炸的时候容易卷边，切得太厚则不容易熟。另外，在焯烫的时候，时间越久，藕片的口感越软，可根据自己的口味来决定藕片的焯烫时间。

制作方法

1 莲藕洗净、去皮，切成薄片；芹菜去根、洗净，斜切成段，备用。

2 小米椒洗净，切成辣椒圈；蒜去皮、洗净，切片，备用。

3 锅中倒入适量清水，大火烧开，放入切好的藕片焯烫约3分钟。

藕片炸到表面金黄、微焦即可，不要炸太久

4 焯烫成熟后，将藕片捞出、沥干水分，放入少许淀粉，抓匀。

5 锅中倒入4大勺油，待油烧至六成热时，将藕片依次缓慢放入锅中，中小火炸至表面金黄。

6 捞出藕片，沥干多余的油。

7 锅中留底油，再次烧至六成热，然后放入1大勺辣椒酱，炒出红油。

8 接着，倒入藕片，加生抽调味，翻炒均匀。

9 最后，放入芹菜段、小米椒圈以及蒜片，继续翻炒2分钟，即可出锅。

茄子含有丰富的维生素E和维生素P，维生素P能够增强人体的黏着力，增强毛细血管的弹性，减低毛细血管的脆性，防止微血管破裂出血，使心血管保持正常的功能。另外，茄子中的维生素E还有延缓衰老的功效。

初级　⏱ 20分钟　🥘 2人

湘味小炒茄子

做菜来扫我！

- **材料**：茄子 2 个、猪肉 1 块（约 150g）、香葱 2 根、小米椒 2 个、青椒半个、蒜 4 瓣、姜 1 块
- **调料**：油 1 大勺、酱油 2 小勺、盐 1 小勺、白糖 3 小勺、老醋 2 小勺、十三香 1 小勺、水淀粉 2 大勺

制作方法

1 将茄子洗净，切成 0.5cm 厚的薄片，放入水中略微浸泡；猪肉洗净，切片；香葱洗净，切葱花，备用。

2 小米椒洗净，斜切成段；青椒洗净，切成块状；蒜去皮、洗净，切片；姜洗净，切成丝。

3 锅中放 1 大勺油，待油热后下入猪肉片，煸炒至肉片散白，放入蒜片、姜丝、小米椒和青椒块继续煸炒。

4 接着放入茄子，加酱油、盐、白糖、老醋和十三香继续翻炒至出香味。

5 盖上锅盖，小火焖 2 分钟，加入辣椒继续翻炒。

6 锅中淋入水淀粉勾芡，撒入葱花，即可出锅。

Q & A
湘味小炒茄子怎么做才更鲜香？

首先，若想炒出的茄子更加入味，就要在切片的时候把握好厚度，切得太厚茄子不容易入味，切的太薄茄子会软烂掉，影响食用的口感。另外，先煸香猪肉片，茄子就会吸附肉的汤汁，使整道菜更加鲜香入味。

鸡肉富含蛋白质，种类多且易消化，很容易被人体吸收，有增强体力，强筋健骨的功效。鸡肉中含有对人体生长发育起重要作用的磷脂类，是人体结构中脂肪和磷脂的重要来源之一，有温中益气、补虚填精、活血脉的作用，一般的老人、体弱者更宜食用。

初级　⏱ 20分钟　🍽 2人

左宗棠鸡

做菜来扫我！

- 材料：鸡腿 2 个、香葱 1 根、蒜 2 瓣、姜 1 块、干辣椒 5 个、鸡蛋黄 1 份
- 调料：淀粉半碗、盐 2 小勺、油 3 碗、生抽 3 小勺、醋 4 小勺、白糖 1 大勺、辣椒油 2 大勺、清水 2 大勺

制作方法

1 鸡腿洗净、去骨，切成块状；香葱洗净、切段；蒜去皮，切末；姜洗净，切末；干辣椒切段。

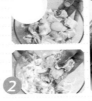

2 鸡蛋黄打入碗中，加淀粉、盐，将鸡腿肉抓匀；锅中倒油，待油温升高，逐块放入鸡腿肉大火炸制。

3 在炸制过程中要不断翻动鸡腿肉，直至炸制酥脆、表面金黄，捞出滗油，备用。

4 将蒜末、姜末、盐、生抽、醋、白糖、辣椒油放入碗中，加入 2 大勺清水，调匀，备用。

5 锅中留底油，下入干辣椒爆香锅底，倒入所有调料汁，煮至汤汁浓稠。

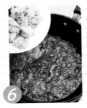

6 放入炸好的鸡块，迅速翻炒至鸡块均匀地裹上调料汁，撒上香葱段，即可出锅。

Q&A

左宗棠鸡怎么做才酥香味美？

左宗棠鸡的特点是酥香麻辣，在炸制前，先将鸡肉用鸡蛋黄、淀粉和盐腌制片刻，可使其更加香嫩；在炸制时，一定要逐块放入鸡肉，以防粘连结块，影响食用；另外，还要不断翻动，这样才能炸得更加酥脆。

豉椒拆骨肉

🍲 中级　⏱ 90 分钟　🍽 2 人

- 材料：杭椒 10 个、小红辣椒 8 个、泡野山椒 5 个、青蒜 5 根、葱 1 根、姜 1 块、蒜 5 瓣、干豆豉 1 大勺、猪棒骨 2 根、腔骨 2 块
- 调料：油 5 大勺、辣妹子辣酱 1 小勺、生抽 1 大勺、老抽 1 小勺、香油 1 小勺

做菜来扫我！

Q&A
拆骨肉怎么做才肉香诱人？

猪棒骨、腔骨在炖煮过程中加入葱姜，不仅可以去腥，还可以提升香味；煸炒时，要将肉块煸透，使肉充分吸收滋味，这样吃起来更香；另外，一定要炒出豆豉味，再下入葱姜蒜，使肉中带有浓郁的豉香味。

制作方法

1 杭椒和小红辣椒均洗净、去蒂，切成辣椒圈；泡野山椒切碎，备用。

2 青蒜去根、洗净，切成段状；葱去根、洗净，切成葱段和葱片；姜和蒜去皮，切片；干豆豉放入油中泡软。

3 将猪棒骨、腔骨洗净，剁成块，放入水中，大火煮沸，然后撇去浮沫，以去除血水和肉腥味。

4 接着放入3段葱、5片姜，提升香味，转中火，炖1小时，炖出肉香味后，捞出、晾凉。

5 用尖刀剔下猪骨上的肉，撕成小块，备用。

锅中的油发出响声，表示还有水分

6 起油锅，加3大勺油，下入泡软的豆豉，中火炒出香味。

7 再下入葱姜蒜片，炒1分钟，直到香味飘出。

8 然后倒入肉块，将肉中的水分煸出。

9 接着加入辣妹子辣酱，翻炒均匀，增添风味。

10 再加入生抽、老抽，调味、上色，使肉充分吸收味道，盛出。

11 锅中再加2大勺油，下入辣椒圈，煸至表皮发白，接着倒入炒好的肉块，炒匀。

12 最后，加入青蒜段，淋入香油，翻炒均匀，即可出锅。

初级 🕐 30 分钟 🍲 4 人

酸豆角炒腊肉

做菜来扫我!

- 材料：酸豆角1把、腊肉1块、青蒜1根、小红辣椒2个、姜1块、蒜3瓣
- 调料：油1大勺、白糖1小勺

制作方法

1 酸豆角用温水浸泡一会儿，减轻咸味后，切成小段。

2 腊肉用蒸锅稍微蒸一下，切成片。

3 青蒜洗净、切段；小红辣椒洗净，切段；姜、蒜洗净，切末，备用。

4 炒锅中倒油烧热，放入腊肉，小火炒香，炒至肥肉变透明。

5 下入姜末、蒜末和青蒜段，继续煸炒，炒出香味。

6 接着放入酸豆角、小红辣椒，加白糖调味，大火翻炒均匀后盛出即可。

Q&A 酸豆角炒腊肉怎么做才咸香可口？

将酸豆角用温水浸泡一会儿，可以减轻咸味；腊肉放蒸锅蒸一下，炒制时较易成熟。另外，由于腊肉和酸豆角本身咸味就较重，所以不需要再放盐，而加白糖调味，不仅可以中和咸味，还能够提香提鲜。

四季豆中含有丰富的蛋白质以及多种氨基酸，经常食用可以强胃健脾，有增进食欲的作用。食用四季豆对肌肤也大有好处，可以提高肌肤新陈代谢的速度，促进机体本身的排毒，让肌肤细腻有光泽。

🍳 中级　⏱ 40分钟　🍽 2人

油焖四季豆

做菜来扫我！

- 材料：四季豆1把、红线椒4个、蒜3瓣、干辣椒2个、猪肥肉1块、姜3片
- 调料：油4大勺、盐1小勺、醋1小勺、老干妈辣酱0.5大勺、白胡椒粉0.5小勺

Q & A
油焖四季豆怎样做才健康美味？

四季豆焯水既可以使颜色变得翠绿，还可以加速成熟，去掉里面的皂角和生物碱，这样吃起来更健康。煸肥肉时一定要有耐心，将肥肉煸至微焦后，炸出的猪油会使菜肴的味道更加香浓。

制作方法

焯过水的四季豆更易入味

1 四季豆洗净，将两头的尖端掐掉，撕去老筋。

2 将处理好的四季豆切成 2cm 长的段，放入滚水中焯烫 2 分钟，捞出备用。

3 红线椒洗净，切段；蒜用刀拍扁、去皮；干辣椒掰成段后泡水，备用。

4 猪肥肉洗净，切成片，备用。

5 锅中倒入 4 大勺油，放入姜片和肥肉片，小火炒至肥肉微焦。

6 接着放入红线椒段、干辣椒段和蒜，继续煸香。

7 然后放入焯过的四季豆，翻炒均匀。

8 再加入盐、醋、老干妈辣酱调味，继续翻炒至熟。

9 最后，临出锅前加入白胡椒粉提味，炒匀后即可出锅。

湘辣诱惑

初级 ⏱ 15分钟 🥣 2人

湘味手撕包菜

做菜来扫我!

- 材料：葱白1段、姜1块、蒜3瓣、干辣椒2个、五花肉1块、包菜半个、花椒1小勺
- 调料：盐1小勺、油2大勺、蚝油2大勺、陈醋0.5大勺

湘辣
诱惑

Q&A
手撕包菜怎么做才香辣爽脆？

手撕包菜要想香辣爽口，蒜末和醋必不可少。蒜末和醋要在最后出锅前放入锅中。手撕包菜是快炒菜，若是先放入蒜末和醋，蒜的辛辣味和醋香味都会因高温而减少，使口味变差，故出锅前再放最佳。

制作方法

1 葱白、姜分别洗净，切片；蒜瓣去皮、拍扁，切末；干辣椒切碎末，备用。

2 五花肉洗净，切成 0.3cm 厚的薄片，备用。

3 包菜洗净，用手撕成方形片状。

4 将包菜叶放入凉水，加 1 小勺盐浸泡 5 分钟后，捞出。

5 锅中加 2 大勺油，下入花椒小火炒香，放入葱白、姜片、干辣椒煸炒。

6 接着倒入五花肉中火翻炒，煸至肉片边缘微焦。

7 爆出肉香后，将撕好的包菜叶倒入锅中大火翻炒。

8 加 2 大勺蚝油调味，炒匀。

9 最后，将蒜末撒入锅中，沿锅边淋入陈醋，迅速炒匀，即可出锅。

臭豆腐富含维生素 B_{12}，可以有效防止老年痴呆症；同时富含植物性乳酸菌，具有很好的调节肠道及健胃的功效，可以寒中益气、和脾胃、消胀痛、清热散血、下大肠浊气，常食能增强体质，健美肌肤。

初级　⏱ 20分钟　🥣 2人

肉末臭豆腐

做菜来扫我！

- 材料：臭豆腐 1 碗、青笋 1 根、洋葱半个、干辣椒 2 个、青椒半个、红椒半个、肉末半碗
- 调料：油 3 大勺、盐 2 小勺、生抽 1 大勺、白糖 2 小勺

制作方法

1 臭豆腐洗净，切块；青笋、洋葱去皮、洗净，切丁，备用。

2 干辣椒洗净、去蒂，斜切成段；青椒、红椒洗净，切块，备用。

3 锅中倒油，烧热后放入肉末，中火滑散翻炒。

4 肉末颜色变白后，放入青笋丁、洋葱丁及干辣椒段，大火翻炒。

5 倒入臭豆腐块，加盐、生抽、白糖调味，继续翻炒均匀。

6 最后加入青椒、红椒，翻炒 2 分钟后即可出锅。

Q&A
肉末臭豆腐怎样做才色香味俱全？

做肉末臭豆腐时，要用大火爆炒，快速翻炒加入配料出锅，因为臭豆腐如果过分翻炒，就会过于散碎，影响食用口感。

茶树菇含有人体所需的多种氨基酸，还有丰富的维生素B群和多种矿物元素，其中铁、钾、锌、硒等元素都高于其它菌类，该菇还具有补肾、利尿、健脾等功效，是高血压患者和肥胖者的理想食品。

🍲 中级　⏱ 30分钟　🍜 3人

干锅腊肉茶树菇

做菜来扫我！

- 材料：腊肉1块、鲜茶树菇1碗、葱1段、姜1块、蒜5瓣、香芹2棵、青蒜1根、红椒10个、白洋葱半个、花椒1小勺
- 调料：油2大勺、辣妹子辣酱1小勺、生抽1大勺、老抽1大勺、白糖2小勺、盐0.5小勺、香油1小勺

Q&A
腊肉怎么蒸才软嫩、咸香可口？

制作熟腊肉之前，要先把腊肉入锅蒸。腊肉在锅中蒸的时候，中途不要开盖，蒸锅中的大量水蒸气会将腊肉蒸软，便于做菜。蒸完的腊肉表面会附有一层油脂，吃起来更具肉香味。

制作方法

1 腊肉洗净，放入蒸锅中，大火蒸 10 分钟；将蒸软的腊肉切成片状，备用。

2 鲜茶树菇切除根部，放入清水中浸泡 15 分钟，再次清洗干净。

3 葱、姜、蒜洗净、去皮，切片；香芹、青蒜均洗净，切成 4cm 长的段；红椒洗净，对半切开，白洋葱洗净，切丝。

腊肉受热后还会出油，所以，炒腊肉时油量不宜过多。

4 锅中倒入 1 大勺油烧热，放入茶树菇，炒至水分蒸发后，盛出备用。

5 锅中再倒入 1 大勺油，放入花椒小火煸香，捞出；接着放葱姜蒜片、红椒和辣妹子辣酱，中火爆香。

6 放入腊肉片，翻炒至腊肉出油、肥肉部分呈透明状。

7 接着放入茶树菇，大火炒至均匀。

8 加入生抽、老抽、白糖、盐调味，继续翻炒。

9 最后，将青蒜段、香芹段、洋葱丝倒入锅中，淋入香油，翻炒均匀，就可以出锅啦。

湘辣诱惑

鸡蛋营养丰富，含有多种维生素和人体必需氨基酸，其蛋黄中的卵磷脂对大脑发育有极好的效用。常吃鸡蛋对于老人有很好的食补功效，每天吃一个鸡蛋，具有延缓衰老的作用。

🍲 初级　🕐 30分钟　🍚 3人

湘味金钱蛋

做菜来扫我！

- **材料：** 鸡蛋4个、干豆豉1大勺、小红辣椒8个、杭椒10个、野山椒5个、青蒜3根、葱末1小勺、蒜片1小勺
- **调料：** 油4碗、辣妹子辣酱1小勺、生抽1大勺、白糖1小勺、香油1小勺

Q & A
金钱蛋怎么做才会酥脆入味?

金钱蛋做得好吃的秘诀有二:首先,要将切好的鸡蛋炸透,炸出酥脆的表皮;其次,煸炒辣椒时,要煸炒至表皮发白,使辣味充分释出,鸡蛋吸足滋味后才会好吃。

制作方法

每切一刀,菜刀蘸一下凉水,便于切蛋

1 鸡蛋洗净,放入冷水锅中,大火加热,煮10分钟。

2 鸡蛋煮熟后,捞出、用凉水浸泡5分钟,方便去壳;干豆豉放入油中泡软。

3 熟鸡蛋去壳,将每个鸡蛋都竖着切成5片,备用。

4 小红辣椒和杭椒洗净、去蒂,切圈;野山椒切碎;青蒜洗净,切成2cm长的段,备用。

5 起油锅,倒入4碗油,大火烧至八成热,下入鸡蛋片,炸成金黄色后,捞出、滗油。

6 锅中留2大勺油,下入干豆豉,大火炒香,再放入辣椒圈、葱末、蒜片,炒出蒜香味。

7 然后倒入辣妹子辣酱,炒至辣椒圈熟透。

8 接着下入炒好的鸡蛋,加入生抽及白糖,翻炒均匀。

9 最后,撒入青蒜段,淋入香油,翻炒均匀,即可出锅。

虾富含营养，肉质松软，容易消化。虾中含有丰富的镁，镁对心脏活动具有重要的调节作用，能很好地保护心血管系统，有效地减少血液中的胆固醇含量，防止动脉硬化。虾还含有丰富的磷、钙，对小孩、孕妇有很大的益处。

🍚 初级　⏱ 20分钟　🥣 2人

做菜来扫我！

椒盐青虾

- 材料：河虾 1 碗、香菜 3 根、红尖椒 6 个
- 调料：淀粉 1 大勺、油 1 碗、椒盐 1 大勺

 制作方法

1 河虾洗净，剪去虾须、虾枪、虾爪，剔除虾枪下的杂质，晾干；加入淀粉拌匀。

2 香菜洗净，切段；红尖椒洗净，切成圈状。

3 起锅，倒入 1 碗油，大火烧至五成热时，下入青虾炸至金黄酥脆，捞出滗油。

4 留底油，放入滗干油的青虾，加入红尖椒圈，煸炒均匀。

5 加入椒盐，调味，继续翻炒均匀。

6 最后撒上香菜段，即可出锅装盘。

Q&A
椒盐青虾怎么做才能更好吃？

椒盐青虾的特点在于鲜嫩酥香，在制作的过程中，一定要把虾须和虾枪等杂质清理干净，不然吃起来腥味较重，也会比较麻烦，影响口感；虾中加入淀粉，炸出来会更香脆。

鸭肉具有滋补、养胃、消肿、止咳的功效，民间认为鸭肉是补虚圣药。鸭肉易消化，所含B族维生素和维生素E较多，对于发热、体虚、水肿和食欲不振等症状都有食补功效。

🍳 中级　⏱ 2小时　🥣 2人

麻仁香酥鸭

- 材料：鸭肉1块（500g）、猪肉1块（50g）、葱1根、姜1块、香菜1根、鸡蛋1个、面粉半碗（50g）、干淀粉半碗（50g）、鸡蛋清3份

- 调料：黄酒1大勺、盐3小勺、白糖2.5小勺、花椒20粒、油1碗、芝麻1大勺、花椒粉1小勺、香油1大勺

做菜来扫我！

Q&A
麻仁香酥鸭怎么做口感更好？

做麻仁香酥鸭时，盛鸡蛋清的容器要干净，不能有油、盐、碱和生水，要顺一个方向搅打成雪花状，以插入筷子立定不倒为准，这样吃起来口感才会蓬松、软嫩，与外皮的酥脆相结合，更富有层次感。

制作方法

1 鸭肉洗净；猪肉洗净，切成细丝；葱洗净，切段；姜洗净，切成片；香菜洗净，切成段。

2 将鸭肉用黄酒、盐、白糖、花椒、葱段和姜片腌约2个小时。

3 接着将鸭皮与鸭肉分离，鸭肉上锅蒸至八成烂，取出晾凉，切成丝。

4 将猪肉煮熟，捞出沥干；鸡蛋打入碗中，加入面粉、2大勺干淀粉和清水，调制成糊状。

5 将蛋糊抹在鸭皮的表面，摊放在抹过油的盘中；猪肉丝和鸭肉丝放入剩余的蛋糊中裹匀，整齐地摆放在鸭皮上。

6 锅中倒油，将鸭肉放入油锅中炸至金黄色，捞出，盛入盘中。

7 将鸡蛋清打至发泡，加入剩余干淀粉，调匀成雪花糊，铺在鸭肉面上，撒上芝麻。

8 锅中留适量油，烧至六成热，再次放入鸭肉，浇油淋炸，至底层呈金黄色，捞出沥油。

9 最后，撒上花椒粉，淋上香油，切成5cm长、2cm宽的条，装盘，撒上香菜段即可。

糯米富含蛋白质、糖类、脂肪、钙、铁、磷、维生素 B_1、维生素 B_2、烟酸及淀粉等物质，是温补强身的食品，丰富的 B 族维生素能温暖脾胃，补中益气，对脾胃虚寒、食欲不佳等症状有一定的功效。

中级　30分钟　2人

糖油粑粑

做菜来扫我!

- 材料：糯米粉 1 碗（约 300g）、凉开水 1 碗
- 调料：红糖 2 大勺、冰糖 1 大勺、白糖 3 小勺、蜂蜜 1 大勺、开水 1 碗、油 10 大勺

制作方法

1 糯米粉加入凉开水，搅拌均匀，待干稀程度适中时揉成光滑的面团，备用。

2 将红糖、冰糖、白糖、蜂蜜放入碗中，加入开水搅拌至糖粒完全溶化。

3 将揉好的糯米粉团搓成长条，接着分割成小剂子，逐一搓圆拍扁。

4 锅中倒油，中火加热至油温四成热时，转小火，下入糯米饼生坯慢慢煎制。

5 小火煎至表面焦黄起皮时，翻面继续煎制，倒入糖汁。

6 摇晃锅底，使糖汁均匀地与油混合成糖油，翻转粑粑使两面均匀沾到糖汁，大火收汁至浓稠时，即可出锅。

Q & A
糖油粑粑怎么做能香糯入味？

糖油粑粑是湖南长沙市有名的汉族传统小吃，熬制糖汁时，红糖的用量过多会使颜色过深，所以要加适量的白糖进行调色。而加入蜂蜜可以使糖汁更富有光泽度和黏稠性，口感会更好。

湘乡美味

干烧鲳鱼

板栗烧菜心

烧，拌。
用心烧制，用料调拌，虽风格迥异，含入口中，
回味悠远！

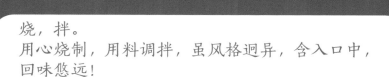

杂酱莴笋丝

红烧肉方

油菜为低脂蔬菜，含有膳食纤维，能与甘油三酯、胆固醇等结合，减少脂类的吸收，降低血脂。油菜中还含有大量的钙、维生素C和β-胡萝卜素，有助于增强机体免疫能力，满足人体的需求。

🍲 中级　🕐 20分钟　🍽 2人

做菜来扫我！

板栗烧菜心

- 材料：板栗 15 颗、油菜 1 把
- 调料：油 1 碗、盐 1 小勺、胡椒粉 1 小勺、水淀粉 2 大勺、香油 2 小勺

制作方法

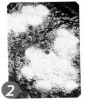

1 板栗去壳，取肉，切成两瓣；油菜洗净，取菜心。

2 锅内放入油，烧至五成热时，下入板栗炸制 2 分钟，待板栗炸至金黄色时，捞出滗油。

3 油菜心入沸水焯烫，成熟后捞出，控干水分，备用。

4 炒锅加 1 大勺油，烧至六成热时，放入板栗，加盐和胡椒粉调味，翻炒均匀。

5 放入油菜心，翻炒均匀。

6 最后，用水淀粉勾芡，淋入香油，即可出锅。

Q & A
板栗烧菜心怎么做更鲜香味浓？

做板栗烧菜心时，板栗一定要油炸，不然易烂碎，不仅影响食用的口感，也会影响整道菜品的美观。另外，用熟猪肉进行油炸，会使菜的味道更加浓郁；而要用大火煸炒，菜的香气才会更好地发挥出来。

南瓜富含蛋白质、维生素B、维生素C、类胡萝卜素和钙、磷等成分，其中丰富的类胡萝卜素可转化成具有重要生理功能的维生素A，对维持正常视觉、促进骨骼的发育具有重要生理功能。

🍲 中级　⏱ 35分钟　🍚 2人

南瓜烧排骨

做菜来扫我！

- 材料：猪肋排4根、南瓜半个、葱1段、姜1块、香葱1根、八角2个、桂皮2块
- 调料：油3大勺、白糖2大勺、酱油2大勺、料酒1大勺、盐1小勺、胡椒粉1小勺

Q&A
南瓜炖排骨怎么做才更入味？

排骨在焯水时，一定要冷水下锅，撇去浮沫，捞出后用热水清洗，这样即可很好地去掉腥味。另外，排骨在煮到六七成熟时，就要放入南瓜一起煮，大概九成熟时就可以收汁了，时间久了南瓜容易烂，会影响菜品的美观。

制作方法

1 猪肋排洗净，切成4cm宽的段；南瓜洗净，去皮，切成菱形块。

2 葱洗净，切成段；姜去皮、洗净，切成片。

3 香葱洗净，切成葱花，备用。

4 洗净的排骨入冷水，焯烫成熟后，撇去浮沫，捞出，控干水分，备用。

5 起锅热油，放入白糖，炒至完全熔化成糖浆，色泽呈棕色。

6 放入排骨，与糖浆一起翻炒，直至糖色完全粘在排骨上。

7 锅中加入2大勺酱油和1大勺料酒，然后倒入清水至没过排骨，再将葱段、姜片、八角和桂皮一起下入。

8 盖上锅盖，中火煮20分钟；然后放入切好的南瓜块，加入盐和胡椒粉，煮8分钟，大火收部分汤汁。

9 待汤汁略黏稠，撒上香葱花，即可出锅。

湘乡美味

鸭肉性寒凉，具有滋阴养胃、清肺补血、利水消肿的功效；魔芋中含量最大的葡萄甘露聚糖具有强大的膨胀力，可填充胃肠、消除饥饿感，又因魔芋所含热量微乎其微，故常吃魔芋可以达到控制体重、减肥健美的作用。

中级　1小时20分钟　2人

魔芋烧鸭

- 材料：葱1段、姜1块、蒜半头、青蒜2根、干辣椒4个、鸭子半只、魔芋半斤
- 调料：盐1小勺、油4大勺、花椒1小勺、豆瓣酱2大勺、料酒2大勺、酱油1大勺、水淀粉半碗

做菜来扫我！

46

Q & A
魔芋烧鸭怎么做才肉香、无腥气？

炒花椒时，要用小火慢炒，不但要炒出花椒的香味，还不能把花椒炒糊，之后再下入豆瓣酱炒出红油，如此菜肴才会入味；鸭肉腥味较重，做菜前要放入滚水中反复焯烫；最后加青蒜也可以起到很好的去腥作用。

 ## 制作方法

1 葱切段；姜、蒜均去皮，切片；青蒜洗净，切成 3cm 长的段；干辣椒剪成段状。

2 鸭子去除内脏，清洗干净，切成 4cm 长、2cm 宽的块状。

3 魔芋洗净，切成 1.5cm 宽的条状，放入加了盐的滚水中，焯烫 1 分钟。

4 锅中加水，大火煮沸，下入葱段和一半姜蒜，再放入鸭块焯烫，撇沫、捞出、滗干。

5 锅中加 2 大勺油，中火烧至油面微微冒烟，放入鸭块，煸至金黄，盛出。

6 锅中重新加 2 大勺油，下入花椒，小火炒香后，放入豆瓣酱炒出红油。

7 倒入 3 碗清水，开大火煮沸，捞出残渣不用。

8 将过油的鸭块、魔芋条、剩余姜蒜片、干辣椒和料酒、酱油一起放入汤中。

9 转中火煮 50 分钟后，转大火收汁，起锅前放入青蒜，淋入水淀粉，翻炒均匀即可。

🍲 中级　🕐 1小时　🥢 3人

煎烧黄鱼

做菜来扫我!

- 材料：葱白1段、姜1块、蒜3瓣、五花肉1块、黄花鱼1条
- 调料：盐1小勺、料酒2大勺、面粉5大勺、油4大勺、郫县豆瓣2大勺、黄酒2大勺、老抽1大勺、白糖2小勺

Q&A
煎烧黄鱼怎么做才更鲜美？

料酒、姜末、葱泥这些调味料的作用是去除黄花鱼身上的腥味，避免腥味影响了菜肴的口感。汤汁收浓后，黄鱼充分吸收了调味料里的盐分，味道会变得更加咸香入味，所以不必再多加盐。

制作方法

① 葱白洗净，剁成葱泥；姜、蒜分别洗净，切末；五花肉洗净，切成小碎丁。

② 将去除了鳞、内脏和腮的黄花鱼用清水洗净，备用。

③ 在鱼的两侧分别斜切3刀，深及鱼骨；撒上盐和姜末，淋上料酒，腌制15分钟。

④ 腌制完成后，将葱泥涂抹在黄花鱼两侧刀口内侧。

⑤ 用面粉轻拍黄花鱼的鱼身两侧，并涂抹均匀。

⑥ 煎锅中倒2大勺油，把鱼放入锅中，中火煎至鱼身两面金黄后，盛出备用。

⑦ 炒锅倒2大勺油，中火烧至三成热，下肉丁煸香，再放入郫县豆瓣酱，煸出红油。

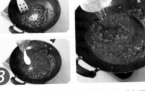

⑧ 接着再倒入蒜末炒匀，并调入黄酒、老抽、白糖，加水烧开。

⑨ 放入黄花鱼，大火烧开后转中火，加盖烧制半小时，等只剩下1/3的汤汁时，即可出锅。

中级　　🕐 20分钟　　🍚 2人

茄汁豆腐

做菜来扫我！

- 材料：豆腐 1 块、葱白 1 段、蒜 3 瓣、姜 1 块、西红柿 2 个
- 调料：盐 2 小勺、油 3 大勺、番茄沙司 1 大勺、蚝油 1 大勺、白糖 1 大勺、香油 1 小勺

制作方法

1 豆腐切正方形薄片；往温水中加 1 小勺盐，放入豆腐，浸泡 10 分钟，捞出。

2 葱、蒜洗净，切末；姜去皮，切成姜丝；西红柿去蒂，切丁。

3 平底锅倒油，大火烧至五成热，转小火，放入豆腐煎制，至两面金黄即可。

4 转中火，放入葱姜末、姜丝煸炒出香味，再放入西红柿丁翻炒，熬出西红柿汁。

5 待豆腐片裹匀西红柿汁后，放入 1 大勺番茄沙司拌匀。

6 加蚝油、白糖及 1 小勺盐炒匀，淋上香油，即可出锅。

Q&A
茄汁豆腐怎么做才品相诱人？

煎豆腐要用薄油，小火慢煎，煎好一面后再用筷子夹起豆腐翻面，这样才不会粘锅、豆腐破碎。新鲜西红柿熬成汁，和番茄沙司配合，包裹豆腐全身，可使整道菜红亮诱人。

大白菜富含维生素、水分、膳食纤维、钙、锌、硒等，丰富的膳食纤维能起到润肠通便、排毒的作用。另外，大白菜中的含水量特别丰富，高达95%，多吃白菜，可以很好地补充水分、护肤养颜。

中级　35分钟　2人

湘西三下锅

- 材料：大白菜 1/4 棵、白萝卜 1/4 个、胡萝卜半个、五花肉 1 块（150g）、香菇 3 朵、竹笋 1 个、干辣椒 2 个、姜 1 块、蒜 2 瓣、香菜 1 根
- 调料：油 1 碗、郫县豆瓣酱 1 大勺、料酒 1 大勺、高汤 1 碗、白糖 1 小勺、水淀粉 1 大勺

做菜来扫我！

52

Q&A
湘西三下锅怎么做才清爽入味？

做湘西三下锅时，由于焖制的时间较长，所以要先将蔬菜过油炸，在焖煮时蔬菜才不会太过糊烂，而影响食用的口感。另外，蔬菜经过炸制后再入锅焖煮，会更加入味。

制作方法

1 大白菜洗净，切片，控干水分；白萝卜、胡萝卜分别去皮、洗净，切片，备用。

2 五花肉洗净，切片；香菇去蒂、洗净，切片；竹笋去皮、洗净，切片，备用。

3 干辣椒洗净，切圈；姜和蒜去皮、洗净，切末；香菜洗净，切段，备用。

4 锅中倒入1碗油，先将大白菜、白萝卜和胡萝卜放入锅中小火炸1分钟，捞出滗油。

5 再放入香菇和竹笋，小火炸制1分钟，捞出滗油。

6 锅中留底油，下入干辣椒圈、姜蒜末、郫县豆瓣酱，爆出香味，烹入料酒。

7 锅中倒入1碗高汤，将所有食材放入锅中，大火煮开，加白糖调味，转小火焖6分钟。

8 接着，用水淀粉勾薄芡，搅拌均匀。

9 最后，撒上香菜段，即可关火，盛盘享用。

红烧肉方

- 材料：五花肉 1 块、蒜 5 瓣、草果 2 颗、葱 1 段、姜 1 块、八角 2 个
- 调料：玫瑰腐乳 4 块、冰糖 1 大勺、米酒 1 大勺、蚝油 1 大勺、甜面酱 1 大勺、老抽 1 大勺、蒸鱼豉油 1 大勺

做菜来扫我！

Q&A
红烧肉方怎么做才鲜美入味？

加入腐乳汁，不仅可使肉方吃起来不油腻，还可使肉质变软，软糯咸香，增添风味。
另外，因为蚝油、蒸鱼豉油、腐乳都有咸味，所以不用额外加盐，只用冰糖调味，
丰富口感即可。

制作方法

1 五花肉洗净，切成9cm见方的正方形，放入清水浸泡2小时，以去除血水和肉腥味。

2 再放入沸水焯烫，撇去浮沫，捞出。

3 蒜去皮、拍扁，对半切开；草果用刀拍碎；葱洗净，切段；姜洗净，切片。

4 在五花肉肉皮上横竖各切2刀，切"井"字型，不要切断，使肉底部相连。

5 用勺子将腐乳碾碎，加1小勺开水，调和成腐乳汁。

6 锅中放入葱段、姜片、蒜瓣、八角、草果和冰糖，炒出香味。

7 接着将五花肉放入锅中，倒入5碗开水。

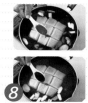

8 加入腐乳汁和米酒、蚝油、甜面酱、老抽、蒸鱼豉油，用大火煮沸。

9 烧开后，撇去浮沫，盖上锅盖，改小火慢炖1小时，直到汤汁变浓，即可食用。

莴笋含有丰富的维生素、膳食纤维及钙、磷、钾、钠、镁等多种微量元素，它的钾含量相对较高，有清胃热、通经脉、清热利尿等功效；还有改善肝脏和消化系统的功能，可刺激消化，增进食欲。

🍲 中级 ⏱ 20分钟 🍜 2人

杂酱莴笋丝

做菜来扫我!

● 材料：莴笋 1 根、猪肉 1 块（约 50g）、小红辣椒 2 个、香菇 5 朵、鸡蛋 1 个

● 调料：油 2 大勺、盐 2 小勺、酱油 2 小勺、水淀粉 1 大勺

制作方法

1 莴笋去皮、洗净，切丝；猪肉洗净，剁成肉末；小红辣椒洗净，切圈，备用。

2 香菇去蒂、洗净，切成小丁；鸡蛋打入碗中，分离蛋黄和蛋清，备用。

3 锅中倒油，烧至六成热时，放入莴笋丝和小红辣椒圈，加 1 小勺盐，大火快速翻炒，出锅装盘。

4 净锅，再倒入 1 大勺油，将猪肉末和香菇丁放入锅中，快速滑散。

5 加 1 小勺盐和 2 小勺酱油调味，翻炒均匀。

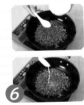

6 用水淀粉勾薄芡，沿同一方向缓慢淋入锅中，将猪肉香菇杂酱均匀地放在莴笋丝上，卧入蛋黄，即可食用。

Q & A
杂酱莴笋丝怎么做才脆嫩爽口？

莴笋丝下入油锅，大火快炒，才能保持住莴笋本身的爽脆；炒得时间过久，会使莴笋绵软，失去脆嫩的口感。莴笋怕咸，所以盐要少放才好吃，过多的盐会让莴笋丝吸附太多的咸味，影响菜品的爽口度。

鸭肉中含有丰富的蛋白质，它的B族维生素和维生素E较其他肉类多，能有效地抵抗神经炎和多种炎症，还能延缓衰老。另外，鸭肉中还含有较为丰富的烟酸，它是构成人体内两种重要辅酶的成分之一，对心肌梗死等心脏疾病患者有保护作用。

初级　🕙 30分钟　🥢 2人

做菜来扫我！

红油拌鸭掌

- 材料：鸭掌 5 只、黄瓜 1 根、红尖椒 2 个、蒜 2 瓣、香菜 1 根
- 调料：辣椒油 2 大勺、香油 2 小勺、盐 1 小勺、醋 1 小勺、白糖 1 小勺

制作方法

1 鸭掌洗净，斩切成块；黄瓜洗净，切成小块，备用。

2 红尖椒洗净，切成圈状；蒜去皮、洗净，切末，备用。

3 锅中倒入适量清水，下入鸭掌块，焯烫 1 分钟，捞出过凉。

4 待鸭掌冷却后，去骨去筋；香菜洗净，切段，备用。

5 将黄瓜、红尖椒、鸭掌、蒜末和调料一同放入碗中，搅拌均匀。

6 拌好后浸腌约 10 分钟，待鸭掌充分入味，即可食用。

Q&A
红油拌鸭掌怎么做才香辣入味？

拌红油鸭掌，首先要将鸭掌焯烫过凉，这样可以去除腥味；将鸭掌和黄瓜、红尖椒、蒜末、辣椒油等混合搅拌，不仅可使其充分沾裹上蒜香味和辣香味，还具有黄瓜的清香味，可谓是一道令人胃口大开的下饭菜。

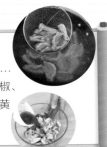

莲藕富含淀粉、蛋白质、维生素B、维生素C等多种营养元素，生食能凉血散淤，熟食能补心益肾，有补五脏之虚、强壮筋骨、滋阴养血之功效。同时，莲藕含铁量较高，常吃可预防缺铁性贫血。

初级　　15分钟　　2人

姜汁藕片

做菜来扫我！

- 材料：莲藕 1 节、姜 1 块、小红椒 3 个、绿线椒 1 个
- 调料：醋 2 大勺、酱油 2 大勺、香油 1 大勺、盐 1 小勺

制作方法

1 藕去皮、洗净，切成 3mm 厚的片。

2 姜去皮、洗净，切末；小红椒和绿线椒均去蒂、洗净，切末，备用。

3 碗内放入醋、酱油、香油，兑成料汁。

4 锅内加水煮沸，放入藕片焯烫 2 分钟后，捞入盘中。

略微焖制可使藕片更加入味

5 往藕片上加入姜末、小红椒末、绿线椒末、盐，略微搅拌，加盖焖 2 分钟。

6 最后，淋上兑好的料汁，再次拌匀，即可食用。

Q&A
姜汁藕片怎么做才清爽味浓？

藕中含有淀粉，切片后放入滚水焯烫，不仅可以去除淀粉，还能使藕片的口感变得更加清脆；姜末要在调味汁中多浸泡一会儿，使姜味融入调味料汁，这样搭配藕片才具有更好的风味。

香拌茭白丝

做菜来扫我!

- 材料：蒜1瓣、香菜1根、红椒1个、青椒1个、茭白4根、肉末1/4碗（约50g）、熟白芝麻1小勺
- 调料：油2大勺、生抽1小勺、盐1小勺、香油1小勺

制作方法

1 蒜拍扁、去皮，切成碎末，香菜洗净、去根，切成末。

2 红椒、青椒均洗净、去蒂、切成丁；茭白洗净、去皮，切成丝。

3 锅中加水，大火煮沸，放入茭白丝焯熟，捞出，过凉，滗干。

4 锅中放入油，中火烧至八成热，放入肉末，煸炒至变色，加入生抽和蒜末。

5 然后放入青、红椒丁，再加入盐，翻炒均匀，盛出。

6 将肉末酱料倒入茭白丝中，撒上香菜末、熟白芝麻、淋上香油拌匀，即可食用。

Q & A
怎么才能挑选到鲜嫩的茭白？

茭白切好后用热水焯烫，再放入冷水或冰水中浸泡，这样"喝饱水"的茭白在制作菜肴时就会变得清脆鲜嫩。新鲜的茭白饱满、光滑，这样的茭白笋肉较嫩，若茭白顶端笋壳过绿，代表茭白老化，口感不佳。

皮蛋含有较多矿物质，能刺激消化器官，增进食欲。皮蛋与醋和姜一起食用，能清热消炎、滋补健身。不过，皮蛋中铅含量较高，一次不宜多食，儿童也不宜食用。

初级　⏱ 15分钟　🍚 2人

做菜来扫我!

尖椒皮蛋

- ● 材料：皮蛋 2 个、青尖椒 1 个、红尖椒 1 个、香菜 1 根、香葱 1 根、姜 1 块、蒜 2 瓣
- ● 调料：盐 1 小勺、白糖 1 小勺、酱油 2 大勺、醋 1 大勺、辣椒油 1 大勺

制作方法

❶ 皮蛋去壳、洗净，横切为两半，然后再对切两半；青、红尖椒洗净，切成小丁；香菜洗净，切成段，备用。

❷ 香葱洗净，切成葱花；姜和蒜均去皮、洗净，切成末，备用。

❸ 将切好的皮蛋均匀整齐地摆在盘子里。

❹ 接着将切好的青、红尖椒丁均匀地撒在皮蛋上。

❺ 碗中放入香葱花、姜末、蒜末，依次加入盐、白糖、酱油、醋和辣椒油，调成料汁。

❻ 将调好的料汁沿同一方向均匀地淋在皮蛋上，再撒上香菜段，即可食用。

Q&A
尖椒皮蛋怎么做才香辣可口？

做尖椒皮蛋，最重要的是调料汁，用盐、白糖、酱油、醋和辣椒油调成的料汁，充满了鲜香和辣香，再加上香葱花、姜末和蒜末，葱香、蒜香和辛香味也充分挥发，淋在尖椒皮蛋上，就是一道香辣可口的下饭佳肴。

湘气四溢

豉焖三彩椒

油焖冬笋

焖，炖。
严格的火候把控，精选的入味香料，让香料的
独特香气恰到好处地融入食材！

红烧带鱼

鱼香豆腐

豉焖三彩椒

做菜来扫我!

湘气四溢

- **材料：** 青椒1个、红椒1个、黄椒1个、香葱1根
- **调料：** 油4大勺、豆豉2小勺、酱油2大勺、香油2小勺、白糖1小勺、辣椒油2大勺、胡椒粉1小勺

制作方法

1 青、红、黄椒分别去蒂、洗净，切成约2cm宽的长条状，备用。

2 锅中倒入4大勺油，烧至八成热时，下入青、红、黄椒，中火炸2分钟，然后捞出滗油。

3 将晾凉的青、红、黄椒分别去籽，切成不规则的块状；香葱洗净，切葱花。

4 锅中留底油，烧热后放入葱花、豆豉煸香。

5 接着放入青、红、黄椒块继续翻炒。

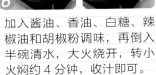

6 加入酱油、香油、白糖、辣椒油和胡椒粉调味，再倒入半碗清水，大火烧开，转小火焖约4分钟，收汁即可。

Q&A
豉焖三彩椒怎么做才豉香浓醇？

做豉焖三彩椒时，先炸制青、红、黄椒，可以使其香酥可口；然后加入豆豉、辣椒油、白糖、胡椒粉等调味，倒入清水，大火焖烧，可使青、红、黄椒充分沾裹上豆豉的香味，浓醇香酥，令人馋涎欲滴。

69

🍲 高级　⏱ 1 小时 15 分钟　🥢 3 人

湘西土匪鸭

- 材料：鸭子半只、姜 1 块、葱 1 段、香菜 1 棵、干辣椒 6 个、啤酒 1 罐

- 香辛料：八角 2 个、桂皮 1 块、草果 1 颗、干山楂 2 片、花椒 1 小勺

- 调料：豆瓣酱 1 大勺、油 1 大勺、冰糖 4 颗、生抽 1 小勺、老抽 1 大勺

做菜来扫我！

Q & A
湘西土匪鸭怎么做才鲜辣酥香？

啤酒不仅可去腥，还能起到提鲜的作用，使鸭肉软嫩可口；冰糖则可以中和豆瓣酱与干辣椒的辣味，使其产生柔和回甘的口感。另外，干山楂不仅可使鸭肉容易酥烂，还能去油腻，帮助消化。

制作方法

1 鸭子洗净，切成约 3cm 见方的块，入冷水锅焯烫，撇去血沫，捞出、淀干，备用。

2 姜去皮、洗净，切片；葱洗净，斜切成片；香菜洗净，切段，备用。

3 干辣椒去根、洗净，切段；豆瓣酱剁碎，备用。

4 锅中倒入 1 大勺油，烧至五六成热时转小火，加入豆瓣酱，翻炒出红油。

八角等香辛料不宜多，否则容易抢味

5 依次下入姜片、葱片、冰糖、干辣椒和香辛料，爆香，并使冰糖融化。

6 转大火，放入焯烫好的鸭块，翻炒均匀，使其充分沾裹上各种香味。

7 转中小火，继续翻炒至鸭块出油，加生抽和老抽上色、调味。

8 倒入半罐啤酒和适量清水，使其没过鸭块，大火烧开。

9 转中小火，焖烧约 40 分钟，至鸭块酥烂、汤汁浓稠，撒上香菜段即可。

茄子含有丰富的维生素P, 可防止微血管破裂出血,
使心血管保持正常的功能; 此外, 茄子还有防治坏
血病及促进伤口愈合的功效。

中级　⏱ 20分钟　🍽 2人

茄子煲

做菜来扫我!

- 材料：蒜3瓣、葱1段、姜1块、小米椒3个、香菇3朵、肉泥2大勺、茄子2个
- 调料：水淀粉1大勺、油半碗、辣酱1大勺、盐1小勺、高汤1碗、蚝油1大勺

制作方法

1 蒜去皮、洗净，切末；葱洗净，切段；姜去皮、洗净，切丝；小米椒洗净，切圈；香菇洗净，切碎。

2 肉泥加水淀粉抓匀；茄子洗净，切成约6cm长的粗条，入清水浸泡约10分钟，捞出沥干。

3 将泡好的茄子放入蒸锅蒸约5分钟，再放入烧热的油锅，炸软后捞出、沥油，放入砂煲中。

4 锅内留底油，爆香蒜末，放入辣酱，直至炒出红油。

5 放入姜丝、肉泥、香菇碎一起翻炒，再调入盐、高汤，做成香辣汁。

6 砂煲端上火，淋入香辣汁，大火烧开后转小火，煲约5分钟，淋蚝油，撒上葱段、小米椒圈，即可盛出。

Q&A
茄子煲怎么做才软香可口？

首先，茄子切好后，放入清水中浸泡，可避免变色；其次，将茄子放入油锅中炸，可以炸出茄子中多余的水分，以便在炖煮时，容易入味；茄子直接炸会流失营养，可裹上水淀粉。

中级　⏱ 30 分钟　🥄 3 人

东安鸡

做菜来扫我!

- 材料：葱 1 段、三黄鸡 1 只、红辣椒 1 个、小米椒 2 个、姜 1 块、香菜 1 根
- 调料：油半碗、盐 2 小勺、花椒粉 2 小勺、醋 2 大勺

Q&A
东安鸡怎么做味道更鲜美？

煮鸡肉的汤不要浪费，保留鸡汤焖煮这道菜，味道会更加鲜美，它保留了鸡肉的原始味道；如果用清水来焖制，整道菜的味道会略寡淡，不提鲜。另外，多放点醋可以很好地去掉鸡肉的腥味，也使鸡肉更加滑嫩。

制作方法

1 葱洗净，切段；三黄鸡洗净，放入清水锅中，加入葱段。

2 鸡肉煮至七成熟时捞出控水、晾凉，留鸡汤，备用。

3 将煮过的三黄鸡用刀斩切成块，备用。

4 红辣椒洗净，切成条状；小米椒洗净，切圈；姜去皮、洗净，切丝；香菜洗净，切段，备用。

5 锅中倒入半碗油，烧至六成热时，依次放入姜丝、鸡肉、盐、花椒粉，大火翻炒约1分钟。

6 加入2大勺醋和小米椒，转中火煮约3分钟。

用鸡汤炖煮，保留了鸡肉的原始味道，味道会更鲜美

7 倒入鸡汤，继续煮约2分钟。

8 放入红辣椒条，盖上锅盖，焖至红辣椒条九成熟。

9 最后，撒上香菜段，即可盛盘享用。

初级　　30分钟　　2人

做菜来扫我!

湘气四溢

剁椒腐竹

- 材料：腐竹6根、胡萝卜半根、芹菜2棵、葱白1段
- 调料：油1大勺、剁椒1大勺、盐1大勺、蚝油1大勺、高汤1大勺

 制作方法

1 腐竹用温盐水泡发，捞出沥干水分后，斜刀切成6cm长的段。

2 胡萝卜洗净、去皮，切片；芹菜洗净，切斜段；葱白洗净，切段，备用。

3 锅中倒油，烧至五成热时下入剁椒，小火煸炒出香味。

4 放入胡萝卜片、葱白段，转中火翻炒3分钟。

5 依次放入切好的芹菜段、腐竹段，加入盐、蚝油调味，继续翻炒2分钟。

6 倒入高汤，盖上锅盖，小火焖煮，待水快煮干时即可出锅。

Q&A
剁椒腐竹怎样做才香辣软弹？

用温盐水浸泡腐竹，不仅可以尽快泡发，还可以使腐竹软硬均匀，增加软弹度；先煸炒剁椒，释放出的辣香味可以完全裹住腐竹以及胡萝卜，使整道菜吃起来香辣开胃。

冬笋质嫩味鲜，又具有很高的营养价值，其含有蛋白质、氨基酸、维生素和钙、磷、铁等微量元素以及大量纤维素，能促进肠道蠕动，既有助于人体消化吸收，又能预防、改善便秘。

🍲 中级　🕐 20分钟　🍜 3人

油焖冬笋

- 材料：冬笋1根（约500g）、青椒半个、红椒半个、葱1段、蒜2瓣、虾米1大勺
- 调料：料酒2大勺、油2碗、盐1小勺、白糖1小勺、生抽1小勺、老抽1小勺、热水半碗、水淀粉1大勺

做菜来扫我！

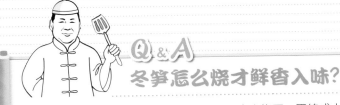

Q&A
冬笋怎么烧才鲜香入味?

油焖冬笋的窍门在于焖,添完水后,要用大火烧开,再转成小火慢焖,烧至调味汁紧紧裹住冬笋,此时冬笋色泽诱人、味道醇厚。厨语称此步骤为"火中取宝",目的就是让冬笋充分吸收汤汁。

🍲 制作方法

1 冬笋去皮、洗净、对半切开,切成2.5cm的滚刀块,放入滚水焯烫1分钟。

2 青椒、红椒均洗净、去蒂,切成菱形片;葱、蒜洗净,切片,备用。

3 虾米洗净,放入碗中,加料酒浸泡,去除虾米腥味。

4 锅中加入2碗油,大火烧至四成热,下入笋块,转中火,炸2分钟,捞出、滗油。

爆香虾米能提升整道菜肴的鲜度

5 起油锅,大火烧至七成热,依次放入蒜、葱、虾米爆香。

6 接着倒入冬笋块,中火煸炒至笋块表皮油亮、颜色发黄。

7 加入盐、白糖、生抽、老抽和热水,大火烧开后,转小火,加盖焖15分钟。

8 打开锅盖,放入青椒、红椒,快速炒匀,再转成大火,翻炒收汁。

9 用水淀粉勾薄芡,翻炒均匀,使汤汁裹紧冬笋,滋味醇厚的油焖冬笋就做好了。

猪肚的营养价值很高，含有丰富的维生素、钙、磷、铁、蛋白质、碳水化合物和脂肪等营养物质，它具有补虚损、健脾养胃的功效，适于气血虚、身体瘦弱的人食用。

🍲 中级　🕐 35分钟　🥣 2人

口蘑汤泡肚

做菜来扫我!

- 材料：口蘑 6 朵、豌豆苗 1 把、香菜 1 根、猪肚 1 个（约 200g）
- 调料：料酒 1.5 大勺、盐 2 小勺、鸡汤 1 碗、胡椒粉 1 小勺、高汤 1 碗、香油 1 小勺

制作方法

1 口蘑去蒂、洗净，切片；豌豆苗洗净；香菜洗净，切段；猪肚洗净，剞花刀，切片，备用。

2 将切好的猪肚盛入碗中，加料酒和盐抓匀，备用。

3 锅中倒入鸡汤烧开，下口蘑、豌豆苗，加盐、胡椒粉调味，小火煮开，盛入汤碗中。

4 另起锅，倒入高汤，烧开后放入猪肚，大火焯熟。

5 捞出焯熟的猪肚，放入盛有口蘑、豌豆苗的汤碗中。

6 最后，撒上香菜段，淋上香油，即可享用。

Q&A
口蘑汤泡肚怎么做才汤鲜味美？

焯烫猪肚要用大火，焯熟即可，时间过长的话，猪肚会失去其脆嫩的口感。口蘑本身具有吸附汤汁的特点，用鸡汤来熬制，可使汤汁充分地浸入到口蘑中，吃起来鲜香味美，脆嫩爽口。

豆腐营养丰富，含有丰富的钙、磷、铁、镁等人体所必需的多种微量元素，还含有优质的蛋白质、糖类和植物油，它的消化吸收率极高。豆腐为补益清热的养生佳品，经常食用豆腐，可清热润燥、补益脾胃。

中级 ⏱ 20分钟 🍚 3人

做菜来扫我！

鱼香豆腐

- 材料：豆腐1块、红尖椒2个、绿尖椒2个、葱1根、姜1块、蒜2瓣、猪肉馅半碗
- 调料：油1碗、辣椒酱2大勺、酱油1小勺、盐2小勺、白糖1小勺、醋2小勺、水淀粉1大勺

制作方法

1 豆腐洗净，切成2cm见方的块；红绿尖椒洗净，斜切成段，备用。

2 葱洗净，切成葱花；姜去皮、洗净，切成细丝；蒜去皮、洗净，切末，备用。

3 锅中倒入1碗油，烧至七成热时下入豆腐块，小火炸至两面金黄，盛出滗油，备用。

4 锅中留底油，倒入猪肉馅，中火煸炒至变色，然后放入葱花、姜丝和蒜末，继续煸炒出香。

5 放入2大勺辣椒酱，翻炒均匀后倒入半碗清水，大火烧开，然后加酱油、盐调味提鲜。

6 接着放入炸好的豆腐块和红绿尖椒，轻轻翻动，烧开后依次加白糖、醋，用水淀粉勾芡，汤汁收干后，即可出锅。

Q&A
鱼香豆腐怎么做才鲜香入味？

做鱼香豆腐时，放入猪肉馅，可以使豆腐具有肉的香味；加入辣椒酱和酱油、白糖、醋等调料大火焖烧，则可以提香提鲜，入味十足。另外，豆腐炸至两面金黄，不仅颜色鲜亮，豆香味也扑入鼻端，使人胃口大开。

带鱼是高营养的海产鱼类，鱼肉含多种营养素，鱼鳞可以降低胆固醇。带鱼含有较多的不饱和脂肪酸，具有降低胆固醇的作用，是身体虚弱、气短无力、营养不良人群的理想滋补食品。

🍲 中级　⏱ 35分钟　🍚 3人

红烧带鱼

- ● 材料：带鱼2条、花椒1小勺、葱末1小勺、姜末1小勺、蒜末1小勺、八角1个、干辣椒段1大勺、白芝麻1大勺、香葱花1大勺、香菜末1大勺

- ● 腌料：花椒1小勺、白酒1大勺

- ● 调料：干淀粉2大勺、油2碗、白糖2小勺、老抽1大勺、生抽1大勺、米酒1大勺、陈醋1大勺、盐1小勺、温开水1碗

做菜来扫我！

Q&A
红烧带鱼怎么做才会鱼嫩汁鲜?

炸带鱼时保持高油温,这样炸出的带鱼才会外酥里嫩,出锅时油温要高,这样带鱼里面才不会存油;烧带鱼的时候放入酒、醋,可以有效去腥;最后加糖提鲜,以大火收汁,红烧带鱼自然就汁鲜入味了。

制作方法

1 带鱼去除内脏、洗净、切成6cm 长的鱼块,备用。

2 碗中加入花椒和白酒,腌制15 分钟。

3 取一盘,倒入干淀粉,将腌制好的带鱼两面沾裹淀粉。

4 锅里放 2 碗油,大火烧至七成热时,将鱼块入锅炸,炸至两面金黄,捞出、沥干油分。

5 锅内留底油,煸香花椒后捞出,接着炒香葱姜蒜和八角,放入带鱼,中火翻炒。

6 再加入白糖、老抽、生抽、米酒调味。

醋可去腥、提鲜,适量加入可以增加风味

7 然后再放陈醋、盐和干辣椒段。

8 倒入 1 碗温开水,盖上锅盖,焖煮约 10 分钟。

9 转大火收汁,待汤汁浓稠后,撒上白芝麻、香葱、香菜即可。

做菜来扫我！

常德土鸡钵

● **材料**：土鸡1只、青辣椒1个、红辣椒1个、姜1块、蒜2瓣、香菜2根、花椒10粒、桂皮1块
● **调料**：油1大勺、盐1小勺、酱油1大勺、清汤1碗、料酒0.5大勺

制作方法

1 土鸡处理干净，取鸡肉，切成约3cm见方的块状，备用。

2 青、红辣椒洗净，切段；姜和蒜均去皮、洗净，切片；香菜洗净，切段，备用。

3 锅中倒入1大勺油，烧至五成热时，依次放入姜片、蒜片、花椒、桂皮，煸出香味。

4 接着放入洗净的鸡肉，再加入青红辣椒，翻炒均匀，使其充分沾裹辛香味和蒜香味。

5 鸡肉炒至金黄色时，放入1小勺盐和1大勺酱油，继续翻炒约2分钟。

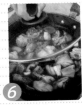

6 倒入1碗清汤，盖上锅盖，大火烧开后盛入钵中，放入料酒，转小火慢炖20分钟，待汤汁略浓稠，撒上香菜段，即可食用。

Q&A
常德土鸡钵怎么做才香气四溢？

做常德土鸡钵时，首先爆香姜蒜和花椒、桂皮，会使鸡肉充分沾裹上辛香味和蒜香味；过油翻炒鸡肉，则可使其口感外酥里嫩。另外，加入清汤和料酒小火慢炖，可使鸡肉充分入味，香气浓郁。

黄鳝肉性味甘、温，有补中益血，治虚损之功效，民间用以入药，可治疗虚劳咳嗽、湿热身痒、痔瘘、肠风痔漏、耳聋等症。

🍲 中级　⏱ 30分钟　🥄 2人

做菜来扫我！

腊肉炒鳝片

- 材料：腊肉1块（约200g）、鳝鱼1条、红尖椒1个、葱1段、姜1块、蒜2瓣、香葱1根
- 调料：油2大勺、料酒1大勺、高汤1碗、盐1小勺、酱油1大勺、胡椒粉1小勺

 制作方法

1 腊肉洗净，切片；鳝鱼去内脏，冲洗干净，切成约4cm长的片；红尖椒洗净，切成圈状，备用。

2 葱洗净，切片；姜去皮、洗净，切片；蒜去皮、洗净，切末；香葱洗净，切葱花，备用。

3 锅中倒入适量水，放入鳝鱼片，焯烫成熟后捞出、过凉，备用。

4 锅中倒入2大勺油，烧至六成热时，放入腊肉，煸炒出油。

5 加入葱姜片、蒜末、红尖椒圈、鳝鱼片，烹入料酒，煸炒约2分钟。

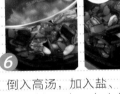

6 倒入高汤，加入盐、酱油、胡椒粉调味，中火焖制约15分钟，待汤汁略微收干，撒上香葱花，即可出锅。

Q&A
腊肉炒鳝片怎么做才鲜香四溢？

首先要选择新鲜的鳝鱼，处理时要注意去除其内脏和黏液，清洗干净，否则吃起来会有很重的腥味。在炒制过程中烹入料酒、高汤等，不仅可以去除鳝鱼的腥气，还可使整道菜的香味更加浓郁，增加鲜香的口感。

豆腐营养丰富，但蛋氨酸含量较少，而鱼头富含氨基酸。两者一起烹制，可以互补长短，均衡摄入营养。另外，豆腐富含钙，鱼头含维生素 D，两者合吃，可大大提高钙的吸收率，为人体有效补充钙质。

🔥 高级　⏱ 40分钟　🍜 2人

红烧鱼头豆腐

- 材料：大鱼头1个、南豆腐2块、小红椒2个、蒜5瓣、香葱2根、姜5片
- 调料：盐1小勺、料酒1大勺、油1大勺、生抽1小勺、老抽1小勺、白糖1小勺、胡椒粉1小勺、蚝油1勺、水淀粉1大勺

做菜来扫我！

90

Q & A
红烧鱼头豆腐怎么做更鲜嫩？

煎豆腐时，注意要滗干水分，以小火慢煎防止溅油。煎的过程不宜太久，至表面金黄色定型即可。鱼头也要用小火慢煎，切记不要频繁翻动。整个过程中，翻炒不可大力，否则易弄碎鱼头和豆腐。

 制作方法

1 大鱼头洗净，用盐均匀涂抹好，加入料酒，腌制15分钟。

2 南豆腐洗净，切成小方块，备用。

3 小红椒洗净，切片；蒜用刀拍扁，去皮；香葱洗净，切粒。

豆腐煎好表面金黄色定型即可

4 锅中倒油烧热，放入豆腐块，转小火慢煎。

5 煎的过程中用筷子适当翻动，确保四面都煎成金黄色后，盛出备用。

6 锅中留底油，放入滗干水分的鱼头，小火慢煎至两面八成熟。

7 放入红椒、姜片、蒜，略微翻炒后，加入清水，煮开后加入煎好的豆腐。

8 放入生抽、老抽、白糖、胡椒粉、蚝油，大火煮开后转成小火。

9 放入水淀粉勾芡，撒入香葱，大火快速收汁后即可盛出。

湘味无穷

腊味合蒸

冰糖湘莲

蒸，煮。
原始的烹制方法，成就最佳营养菜肴，清香不腻，
本真不失！

苏仙夫子肉

红焖羊肉锅

做菜来扫我！

腊味合蒸

- 材料：腊肉 1 块、腊鱼肉 1 块、腊肠 1 根、姜 1 块、香葱 1 根、干辣椒 2 个、香菜 1 根
- 调料：油 1 大勺、豆豉 1 大勺、料酒 1 大勺、白糖 2 小勺

制作方法

1 将腊肉、腊鱼肉和腊肠用温水泡 30 分钟后，清洗干净，捞出控水，备用。

2 姜去皮、洗净，切丝；香葱洗净，切段；干辣椒洗净，切末；香菜洗净，切段，备用。

3 将腊肉切成 0.5cm 厚的片，腊鱼肉切成块状，腊肠切成 0.4cm 厚的片。

4 锅中倒入 1 大勺油，下入葱段、姜丝、豆豉、干辣椒煸出香味，再将所有腊味放入锅中均匀翻炒。

5 加入料酒、白糖调味，盛出装盘。

6 最后，将盘中的腊味入锅蒸约 30 分钟，撒上香菜段，即可享用。

Q&A
腊味合蒸怎么做才咸香味浓？

腊味要泡过一段时间，吃起来口感才更好；腊味本身就有咸味，所以烹制的时候不用再加盐，只需加其他调味料调味即可。另外，在蒸腊味时，可以将腊肉放在最上面，让其油脂浸润下面的腊鱼肉和腊肠，使口感更加香嫩。

中级　　30 分钟　　2 人

剁椒鱼头

- 材料：鲢鱼头 1 个、葱 1 根、姜 2 块、蒜 1 头
- 调料：盐 3 小勺、料酒 1 大勺、剁椒半碗、油 2 大勺

做菜来扫我!

Q & A
剁椒鱼头怎么做口感更好？

做剁椒鱼头时，鱼头在蒸制之前，腌制的时间不要太长，以 10 分钟为佳，否则会使肉质发硬，影响食物的口感。在鱼两侧划纹时，走刀不要太深，否则鱼肉容易散，影响菜品的美观。

制作方法

1 鲢鱼头洗净，用刀将鱼头切成相连的两半，清洗干净，控干水分，备用。

2 取部分葱、姜、蒜洗净，去皮，切片；剩余葱、姜、蒜切成碎末，备用。

3 将盐和料酒均匀地涂抹在鱼头的正反面，腌制 10 分钟后，再用水冲洗干净，控干水分。

4 将葱片、姜片、蒜片铺入盘中，鱼头展开，平铺盘内。

5 碗中放入剁椒、姜蒜末，加入盐，拌匀。

6 将拌好的剁椒碎抹在鱼头的正反面。

7 锅中倒入清水烧开，放入鱼头。

8 加盖，大火蒸约 10 分钟至熟透，取出。

9 另起锅，倒入 2 大勺油，待油烧热，浇在鱼头上，再撒上葱末即可。

茄子富有多种维生素、钙、铁、磷、碳水化合物、蛋白质等营养成分。其中丰富的维生素E有防止出血和延缓衰老的功效。经常吃茄子，也可以有效预防高血压、冠心病、坏血病等症状。

中级 20分钟 2人

湘味无穷

做菜来扫我!

剁椒粉丝蒸茄子

- 材料：茄子 1 根、香菇 2 朵、蒜 3 瓣、香葱 1 根、虾米 1 大勺、粉丝 1 把、开水 1 碗
- 调料：油 2 大勺、剁椒 2 大勺、盐 1 小勺、料酒 1 大勺、蚝油 1 小勺、香油 2 小勺

制作方法

1 茄子洗净，切成 1.5cm 宽、5cm 长的条；香菇去蒂、洗净，切丁；蒜去皮，切末；香葱洗净，切葱花，备用。

2 虾米洗净，泡发，捞出控水；粉丝用开水泡软，捞出滗干水分，平铺在盘底。

3 锅中倒入 2 大勺油，烧至六成热时，放入茄条，转中小火煎至两面微黄时，取出备用。

4 将煎好的茄条整齐地排列在粉丝上，然后依次撒上香菇丁、虾米、剁椒和蒜末。

5 碗中依次加 1 小勺盐、1 大勺料酒、1 小勺蚝油和 2 小勺香油，调成料汁。

6 将调料汁均匀地浇在茄条和香菇丁等食材上，入蒸锅大火蒸约 6 分钟，撒上香葱花，即可食用。

Q&A
剁椒粉丝蒸茄子怎么做口感更好?

茄子比较吸油，在煎制时少放油，可避免油腻，保持其清爽的口感。同时，将料酒、蚝油、香油等调成的料汁淋在茄子等食材上，可增加鲜香度。另外，根据个人喜好，适当淋上香醋，口感会更加丰富，酸辣鲜咸。

粉蒸肉所采用的是五花肉，五花肉脂肪丰富，并含有蛋白质、碳水化合物、钙等微量元素和营养物质，有利于人体消化，便于吸收。

中级　1小时　3人

粉蒸肉

做菜来扫我！

- 材料：五花肉 1 块（约 300g）、紫薯 1 个、西兰花半朵、葱花 1 大勺、香菜碎 1 大勺
- 调料：生抽 1 大勺、白糖 1 大勺、老抽 2 小勺、蚝油 1 大勺、料酒 1 大勺、蒸肉米粉半碗

制作方法

1 五花肉洗净，在清水中泡去血水，捞出，滗干水分，切成 0.5cm 厚、8cm 长的大片。

2 五花肉片中加入生抽、白糖、老抽、蚝油、料酒，拌匀，腌制 1 小时。

3 将五花肉片捞出，均匀沾裹蒸肉米粉，紫薯去皮、洗净，切滚刀块，全部摆入碗中。

4 西兰花洗净，掰成小朵，放入沸水中，焯烫 2 分钟后，捞出，滗干水分，摆入盘中。

5 蒸锅中加水，大火煮沸后，将碗放入笼屉，中火蒸制 50 分钟。

6 将碗取出后，撒上葱花、香菜碎，即可食用。

Q & A
粉蒸肉怎么做才鲜香软糯？

粉蒸肉所用的蒸肉米粉的原料是用白米加香料炒制而成，易于吸收腌料和五花肉中的水分和油脂。绵软香甜的紫薯吸收了五花肉的油脂，使五花肉香而不腻，又融合了蒸肉、米粉的味道，这样蒸出的粉蒸肉鲜嫩多汁、软糯适口。

虾中富含镁元素，对心脏活动具有重要的调节作用，能有效地保护心血管系统。此外，海虾还是健脑的绝佳食材，能使人长时间集中精力，提高工作、学习效率。

🍽 中级　🕐 30分钟　🍜 2人

蒜蓉银丝蒸虾

- 材料：鲜虾4只、豆腐1块、粉丝1把、红椒2个、香葱1根、干豆豉2大勺、姜1块、蒜10瓣

- 调料：盐2小勺、油2大勺、生抽1大勺、蚝油1大勺、米酒1大勺、清水1大勺、白糖0.5小勺、香油1小勺

做菜来扫我！

Q&A
鲜虾要怎么蒸才能鲜嫩入味?

做蒜蓉银丝蒸虾时,要先将虾背切开,不要剥去虾壳,目的是使鲜虾更入味,并以蒜味遮掉虾腥味,更可以引出鲜虾的香味。鲜虾极易蒸熟,入锅蒸的时间不能太久,否则蒸出的虾肉口感较差。

制作方法

1 鲜虾洗净,剪去长须及虾脚,挑出肠泥。

2 将虾背切开,虾壳不切断,并用刀背敲打虾肉,使虾肉松软。

3 豆腐洗净,切成2cm宽的薄片;粉丝泡发;红椒、香葱、干豆豉洗净,切末;姜、蒜去皮、洗净,切末。

盐水掉烫过的豆腐块不容易碎,而且口感更佳

4 煮锅中加入半锅冷水,加1小勺盐,下入豆腐片,煮至浮起,关火、捞出,备用。

5 将豆腐平铺在盘底,豆腐上铺粉丝。

6 锅中加2大勺油,下入红椒末、干豆豉和葱姜蒜末,加盐、生抽、蚝油、米酒、水、白糖炒香,制成豆豉料。

7 把处理好的鲜虾并列平铺在粉丝上,拨开鲜虾背部,淋入炒好的豆豉料。

8 蒸锅中加水,大火烧至锅中冒出蒸汽,将蒸盘放入蒸锅,大火蒸8~10分钟,取出,撒上葱花。

9 最后,淋上1小勺香油,这道菜就大功告成了。

🍳 中级　⏱ 2 小时　🍜 3 人

荷叶粉蒸鸭

- 材料：荷叶 2 张、姜 1 块、香葱 1 根、鸭子半只、大米 2 碗
- 香辛料：桂皮 1 块、八角 1 个、花椒 1 大勺
- 调料：五香粉 1 小勺、生抽 1 大勺、黄酒 1 大勺、甜面酱 0.5 大勺、盐 1 小勺

做菜来扫我！

Q & A
鸭肉怎样腌制更好？

腌鸭肉时，加入甜面酱会使味道更加香浓，但肉的色泽会较暗；而使用蚝油腌制的话，鸭肉的色泽会更加漂亮，但味道稍逊一筹。

制作方法

1 荷叶洗净，用水泡软；姜洗净，切末；香葱洗净，先切段，再切葱花。

2 鸭子洗净，去除内脏、脊骨，切5cm长、3cm宽的小块。

3 切好的鸭块加入所有调料和姜末，拌匀后腌制30分钟。

4 大米洗净、滗干，与所有香辛料一起下锅炒成黄色，盛出。

大米一定要炒过才会香

5 接着用擀面杖将炒成黄色的大米研磨成粉，装入盘中。

6 将腌好的鸭肉块沾裹大米粉，然后摆放在泡软的荷叶上。

7 鸭肉裹好米粉后，将荷叶包起，在这层荷叶外再严实地包一张荷叶。

8 蒸锅中加水烧开，等冒蒸汽后，将包好的荷叶鸭放入，用中火蒸50分钟。

9 蒸完后关火焖2分钟，食用前撒上香葱花即可。

🍳 中级　⏱ 1 小时 30 分钟　🥣 2 人

豉汁蒸小排

- 材料：猪肋排 1 斤、蒜 10 瓣、姜 1 块、葱白 1 段、小红辣椒 4 个、豆豉 2 大勺
- 调料：干淀粉 1 小勺、料酒 1 大勺、油 2 大勺、生抽 1 大勺、白糖 1 小勺、盐 0.5 小勺、蚝油 1 大勺

做菜来扫我！

Q&A

蒸排骨怎么做才香软滑嫩？

选购排骨时，肥瘦相间的排骨最佳，全部是瘦肉的排骨中没有油分，蒸出来的排骨口感会比较柴。豆豉中含有油分，油包裹在排骨表面能很好地保持排骨内部的水分，吃起来比较软嫩滑口、入口香绵。

 制作方法

① 猪肋排洗净，用刀剁成4cm长的小块，放入大碗中，备用。

② 肋排块放入冷水中浸泡20分钟，泡出血水。

③ 蒜去皮，切末；姜洗净，切丝；葱白洗净，切丝。

五成热：油面冒出气泡

④ 小红辣椒洗净，切成斜段；豆豉洗净，切碎。

⑤ 捞出浸泡的排骨，沥干后加入干淀粉、料酒、小红辣椒圈。

⑥ 锅中加油，中火烧至五成热，下蒜末、姜丝，蒜末炒黄后，再下入豆豉，小火炒1分钟。

⑦ 接着将炒好的葱姜、豆豉和生抽、白糖、盐、蚝油放入排骨碗中，腌制20分钟。

⑧ 蒸锅中加水烧开，将腌好的排骨放入蒸锅，大火蒸40分钟后关火，焖2分钟。

⑨ 盛出排骨，撒上葱花，香软滑口的豉汁蒸小排就可以食用了。

做菜来扫我！

冰糖湘莲

- **材料：** 莲子 20 颗、青豆 10 粒、鲜菠萝 1/4 个、枸杞 8 粒、桂圆 6 个

- **调料：** 清水 2 碗、冰糖半碗

制作方法

1 莲子去皮、去芯，冲洗干净，放入碗内，加适量温水，上锅蒸至软烂，盛入碗中，滗干水分，备用。

2 青豆洗净；鲜菠萝切成约 1cm 见方的丁，用盐水浸泡，备用。

3 枸杞洗净，用温水泡 5 分钟，捞出滗干水分；桂圆去壳、取肉，备用。

4 锅中倒入 2 碗清水，加入冰糖，大火烧开后，转中火继续煮至冰糖完全融化。

5 依次放入青豆、菠萝丁、枸杞、桂圆，转小火慢煮约 6 分钟。

6 将煮好的冰糖水和青豆、菠萝丁等食材一同倒入盛有莲子的碗中，使莲子浮在上面，即可食用。

Q&A
冰糖湘莲怎么做才香甜味美？

做冰糖湘莲时，可以先把莲子蒸熟，蒸熟的莲子会比煮熟的莲子外观好看，煮熟的外表易烂，影响菜品的美观。另外，莲子的芯要去除干净，不然吃起来会很苦，影响食用的口感。甜度可以根据个人的喜好来调整冰糖的量。

鲫鱼营养价值很高，富含蛋白质、脂肪及钙、磷、铁等矿物质，具有和中补虚、除羸、温胃进食、补中生气之功效，对于脾胃虚弱、少食乏力、呕吐或腹泻等症具有一定的治疗作用。

中级　50分钟　2人

芙蓉鲫鱼

做菜来扫我！

- 材料：葱 1 段、姜 1 块、青椒 1 个、红椒 1 个、胡萝卜 1/3 根、鸡蛋清 1 份、鲫鱼 1 条
- 调料：绍酒 2 大勺、盐 1 小勺、胡椒粉 1 小勺、鸡汤 1 碗、香油 1 小勺

 制作方法

1 葱洗净，切段；姜去皮、洗净，切片；青红椒洗净，胡萝卜去皮、洗净，均切小丁；鸡蛋清打入碗中，搅匀，备用。

2 鲫鱼洗净，切下头尾，和鱼身一起装入盘中，加葱姜，调入绍酒，入蒸锅蒸约 10 分钟。

3 鲫鱼头尾和原汤不动，用筷子取下鱼肉，放入打发的鸡蛋清中。

4 接着加入绍酒、盐、胡椒粉、鸡汤、原汤，搅拌均匀。

5 取一半搅拌好的鱼肉，放入蒸锅，蒸至半熟后取出，倒入另一半鱼肉，摆上鲫鱼头尾，继续蒸制。

6 蒸熟后取出，撒上青红椒和胡萝卜，淋上香油，即可食用。

Q & A
芙蓉鲫鱼怎么做味道更鲜嫩？

鲫鱼中加入鸡蛋清，味道会更鲜嫩；鲫鱼蒸的时间不宜过久，以 10 分钟为度，蒸的时间过长，肉死刺软，不易分离，鲜味尽失。

小白菜富含钙、磷、铁等微量元素，它的维生素和矿物质的含量是蔬菜中最丰富的，其中维生素C、胡萝卜素和钙均高于大白菜。丰富的营养物质可加速人体新陈代谢，保持血管弹性，促进吸收，健脾利尿。

初级　15分钟　3人

鸡汤青菜钵

做菜来扫我！

- 材料：小白菜 1 把、内酯豆腐 1 块、枸杞 5 个、鸡汤 1 碗

- 调料：淀粉 1 大勺、盐 1 小勺、香油 1 小勺

制作方法

1 小白菜洗净，切碎；内酯豆腐切成小丁，备用。

2 枸杞洗净，用温水泡开，备用。

3 淀粉加入适量水搅拌成水淀粉。

4 锅中倒入 1 碗鸡汤，待鸡汤烧热，放入小白菜和内酯豆腐，约煮 2~3 分钟。

5 将水淀粉倒入锅中勾芡，加入盐，均匀搅拌，即可。

6 最后，淋上香油，撒上枸杞，即可享用。

Q&A
鸡汤青菜钵怎么做味道更鲜美？

做鸡汤青菜钵时，用鸡汤来煮制，会使汤的味道更加鲜美。另外，煮制时，时间不宜太久，以 2~3 分钟最佳，时间太久，小白菜易软烂，不仅营养会流失，菜的色泽也不美观。

⊞　🕐 2 小时　🍲 3 人

香辣牛肚

- 材料：葱 1 根、香葱 1 根、姜 1 块、牛肚 1 个

- 调料：面粉 1 大勺、料酒 1 大勺、油 2 大勺、麻辣卤汁 5 碗、香油 1 小勺

做菜来扫我！

Q&A
香辣牛肚怎么做才劲道美味?

牛肚处理不好容易有异味,所以一定要用面粉搓揉四到五遍,去除腥味。牛肚口感弹韧、筋劲十足,卤牛肚时,牛肚要跟卤汁一起入锅,切勿煮沸后再放牛肚。卤好后,用原汤浸泡半小时,牛肚会更加好吃。

制作方法

1 葱洗净,切段;香葱洗净,切葱花;姜洗净,切片。

2 去除牛肚上的油脂,加面粉,反复搓揉,去除表面的黏液。

3 洗净面粉,再把牛肚放入冷水浸泡5分钟。反复冲洗、浸泡4~5次。

4 将牛肚放入大碗中,加料酒、姜片,腌制30分钟,以去除腥味。

5 锅内加2大勺油,烧至七成热,放入葱段,开小火,煸炒出香味。

6 接着将麻辣卤汁倒入锅中。

7 放入腌制好的牛肚,大火煮沸后,撇去浮沫,转小火,卤30分钟。

8 卤好后关火,盖上锅盖,浸泡10分钟后捞出,沥干,放凉。

9 将牛肚切成5cm长、1cm宽的条状,放入盘中,淋入卤汁、香油,撒葱花即可。

腊肉营养丰富，其中蛋白质、碳水化合物等物质的含量较高，并富含钾、钠等微量元素，腊肉独特的香味，还可以开胃助食。但长期腌制的腊肉，亚硝酸盐含量增多，所以不宜过量食用。

中级　⊙ 45分钟　⊗ 2人

腊肉火锅

- 材料：土豆2个、蒜苗1把、姜1块、蒜5瓣、腊肉1块、花椒2小勺

- 调料：油1大勺、料酒3大勺、生抽1大勺、蒜蓉辣酱2大勺、开水7碗、盐2小勺、白糖2小勺

- 配菜：白菜片、香菇片各1盘

做菜来扫我！

Q&A
腊肉火锅怎么做才风味独特?

腊肉火锅好吃在于腊肉的香味与汤、菜相互融合。要想充分释放腊肉的香气,炒腊肉时,要小火将其炒透,炒出腊油、边缘微焦时才好;做汤底时,可以加入蒜苗、芹菜等气味独特的食材,增加风味。

制作方法

1 土豆去皮、洗净,切片;蒜苗洗净,切段。

2 姜洗净,切片;蒜去皮、洗净,拍扁。

3 腊肉洗净,切成片状,备用。

腊肉本身含油,所以油要少加

4 锅中加1大勺油,放入腊肉,小火煸炒出油。

5 然后放入姜片、蒜、花椒,小火炒出香味。

6 淋入料酒和生抽,再放入蒜蓉辣酱,翻炒均匀。

7 再倒入开水,大火煮沸,倒入砂锅。

8 加盐、白糖调味,搅拌均匀,续煮5分钟。

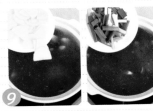

9 倒入蒜苗和土豆片,再煮5分钟,即可食用。

🍲 中级　⏱ 2 小时 30 分钟　🥣 3 人

红焖羊肉锅

- **材料**：葱 1 根、姜 1 块、蒜 10 瓣、羊肉 1 斤、骨汤 10 碗、红枣 5 颗、枸杞 8 粒、香菜段 1 大勺

- **香辛料**：白芷 4 片、陈皮 1 块、桂皮半块、小茴香 2 大勺、草果 2 颗、丁香 1 根、甘草 2 大勺、花椒 1 大勺、砂仁 3 根、豆蔻 3 个、沙姜 3 块、八角 5 个

- **调料**：油 6 大勺、白糖 3 大勺、郫县豆瓣酱 1 大勺、甜面酱 1 大勺、料酒 2 大勺、盐 1 小勺、孜然粉 1 大勺、胡椒粉 1 大勺

做菜来扫我！

Q & A
红焖羊肉锅怎么做才香醇浓厚？

要想彻底去除羊肉腥味，就必须利用焯烫和香料，遮去羊肉腥味；醇厚的香味由糖色、甜面酱、豆瓣酱和骨汤融合而成，炒糖色和酱料时，要用小火慢炒酱料，炒出香味后，即可放入羊肉。

 制作方法

1 将所有香辛料放入香料包，封紧袋口，备用。

2 葱去根、洗净，切片；姜、蒜去皮，切片。

3 羊肉洗净，切成 3cm 见方的块；将羊肉放入滚水锅中焯烫 2 分钟，捞出。

4 炒锅倒入 3 大勺油，放入白糖，不断搅拌，小火炒出糖色后盛出，加水调匀，制成糖水，备用。

5 锅内放 3 大勺油，烧至四成热，下入蒜、郫县豆瓣酱和甜面酱，炒至酥香。

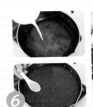

6 之后倒入骨汤、料酒，放入羊肉。

7 接着倒入调制好的糖水，下入姜葱和香料袋，调味增色。

8 加盖，小火焖煮 2 小时，撒入盐、孜然粉、白胡椒粉。

9 放入红枣、枸杞炖煮 20 分钟，撒香菜段即可。

猪肉富有优质的蛋白质和人体必需的脂肪酸，容易被人体吸收利用，猪肉还能为人体提供血红素和促进铁吸收的半胱氨酸，改善缺铁性贫血等症状。另外，猪肉还有润肠胃、生津液、补肾气、解热毒的功效。

中级　　1 小时 20 分钟　　2 人

苏仙夫子肉

做菜来扫我！

- **材料**：五花肉 1 块（约 300g）、红尖椒 1 个、葱 1 根、姜 1 块、香葱 2 根

- **调料**：盐 1 小勺、料酒 1.5 大勺、桂皮粉 1 小勺、五香粉 1 小勺、油 1 大勺、糯米粉半碗、姜粉 1 小勺、酱油 1 小勺

制作方法

1 五花肉洗净，切成 0.5cm 厚的片；红尖椒洗净，切末，备用。

2 葱洗净，分别切段与切末；姜去皮、洗净，切片；香葱洗净，切葱末，备用。

3 将五花肉片用葱段、姜片、盐、料酒、桂皮粉、五香粉腌制入味。

4 锅中倒入 1 大勺油，将腌好的五花肉片沾裹上糯米粉，放入锅中小火煎至两面微黄，盛出。

5 锅中留底油，放入红尖椒末、葱末、姜粉炒香，倒入酱油和料酒烹出香味。

6 然后将五花肉再次倒入锅中，炒拌均匀；盛出后入锅蒸 1 小时，撒上香葱末，即可享用。

Q & A
苏仙夫子肉怎么做才酥香味美？

做苏仙夫子肉时，最好用精选的土猪肉来制作，五花肉可以切得薄一点儿，用小火慢煎，这样肉里的油脂就会被煎出去，吃起来就不会腻人了。上锅蒸制的过程也会锁住肉的香味，保证肉的原汁原味。

> 黑木耳含有铁元素、膳食纤维等多种营养物质，具有补血养血、清理肠道的作用，常吃黑木耳可以预防缺铁性贫血，木耳中的胶质和膳食纤维可以清除消化道和呼吸道中的废物，帮助人体排除毒素、降低胆固醇。

🍲 中级　⏱ 20分钟　🍜 3人

酸辣汤

- 材料：干黑木耳3朵、干黄花菜1小把、韧豆腐1块（约150g）、冬笋1块、火腿半根、香葱1根、鸡蛋1个

- 调料：老抽1大勺、盐2小勺、水淀粉1碗、醋3大勺、胡椒粉2小勺、香油1大勺

做菜来扫我！

122